EP Math 1 Printables

This book belongs to

_____

This book was made for your convenience. It is available for printing from the Easy Peasy All-in-One Homeschool website. It contains all of the printables from Easy Peasy's Math 1 course. The instructions for each page are found in the online course.

Easy Peasy All-in-One Homeschool is a free online homeschool curriculum providing high quality education for children around the globe. It provides complete courses for pre-school through high school graduation. For EP's curriculum visit allinonehomeschool.com.

Copyright © 2015 PuzzleFast Books. All rights reserved.

This book, made by permission of Easy Peasy All-in-One Homeschool,
is based on the math component of Easy Peasy's curriculum.
For EP's online curriculum visit allinonehomeschool.com.

This book may not be reproduced in whole or in part
in any manner whatsoever without written permission from the publisher.
For more information visit www.puzzlefast.com.

ISBN: 9798426771512

Lesson 3

Date _____

Odd Numbers

A. Odd numbers cannot be paired. Draw a line to connect pairs of dots. Is there a dot left over? Count the dots on each die. Is the number **Odd** or **Even**?

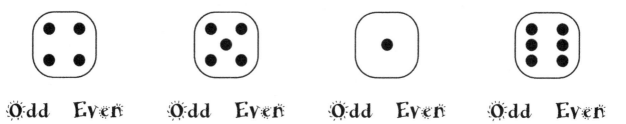

Odd   Even   Odd   Even   Odd   Even   Odd   Even

B. Color all the odd numbers with your favorite color.

1	2	3	4	5	6	7	8	9	10
11	12	13	14	15	16	17	18	19	20
21	22	23	24	25	26	27	28	29	30
31	32	33	34	35	36	37	38	39	40
41	42	43	44	45	46	47	48	49	50
51	52	53	54	55	56	57	58	59	60
61	62	63	64	65	66	67	68	69	70
71	72	73	74	75	76	77	78	79	80
81	82	83	84	85	86	87	88	89	90
91	92	93	94	95	96	97	98	99	100

Easy Peasy All-in-One Homeschool   EP Math 1 Printables

Lesson 6⁺

Date _____

My 1-100 Chart

For Lessons 6 through 10, use this chart to practice counting from 1 to 100.

1		3							
						17			20
21				25					
								39	40
41			44						
								59	60
61							68		
					76				80
81	82								
				95					100

 For Lesson 6, write in the numbers 1 – 20. Read the odd numbers out loud.

 For Lesson 7, write in the numbers 21 – 40. Read the even numbers out loud.

 For Lesson 8, write in the numbers 41 – 60. Read the numbers out loud.

 For Lesson 9, write in the numbers 61 – 80. Read the numbers out loud.

 For Lesson 10, write in the numbers 81 – 100. Count backward out loud from 100 to 1. Read the numbers or try without looking.

Easy Peasy All-in-One Homeschool   EP Math 1 Printables

1-2-1-2-1-2 Patterns

Draw the shape that comes next.

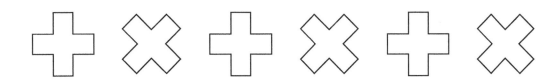

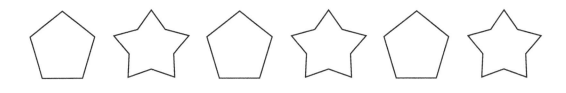

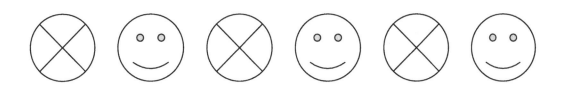

Lesson 8

1-1-2-1-1-2 Patterns

Date _____

Draw the shape that comes next.

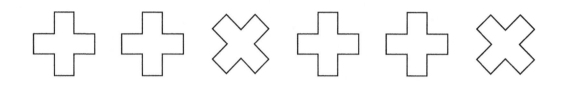

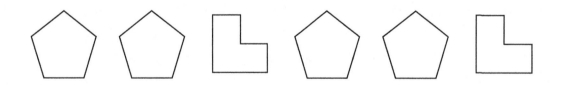

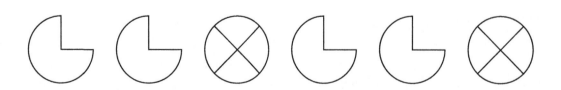

Easy Peasy All-in-One Homeschool   EP Math 1 Printables

Lesson 20

Date _____

Adding on Number Lines

Below is a number line. It can help you add. Put your finger on 2. Jump three numbers to the right. That adds three. What number are you on now? Right! It's 5. 2 and 3 more is 5. **2 + 3 = 5**.

2 + 3 = 5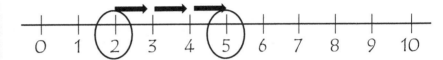

Use the number line to add. Write the answer in the box.

3 + 4 = ☐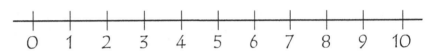

2 + 7 = ☐

0 + 8 = ☐

1 + 9 = ☐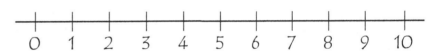

3 + 7 = ☐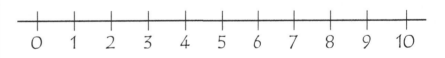

4 + 4 = ☐

2 + 6 = ☐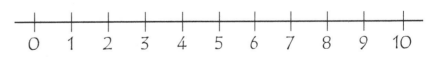

1 + 8 = ☐

Easy Peasy All-in-One Homeschool   EP Math 1 Printables

Lesson 43

Date _____

Comparing Numbers

A. Compare the numbers with < (less than), > (greater than), or = (equal to).

3	<	6	12		12	45		43
2		4	38		40	32		26
19		27	19		16	20		20
34		53	23		18	35		35
10		8	14		14	29		19
43		43	27		25	20		10
26		22	10		11	30		50

B. Write the numbers in order from smallest to biggest.

18, 3, 7, 12 ⇒ ◯ ◯ ◯ ◯

6, 19, 2, 10 ⇒ ◯ ◯ ◯ ◯

Tangram Puzzles

A. With a parent's help, cut out Tangram shapes. Use the next page or follow the directions below.

First, fold a square piece of paper in half, then in half again. Repeat this step to make a square divided into sixteen smaller squares. Unfold the paper.

Second, draw lines on your paper just like the dotted lines marked on the right. Cut along these lines. You will now have seven pieces.

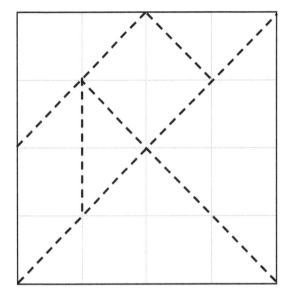

B. Use your tangram pieces to make fun shapes. Here are some ideas.

This page is left blank
for the cutting activity on the next page.

Cut out these shapes from your workbook or print this from Lesson 60 on the Math 1 page at Easy Peasy.

C. Use your tangram pieces to make fun shapes. Here are more ideas.

This page is left blank
for the cutting activity on the previous page.

Lesson 61

Date _____

Geometric Shapes

Read aloud the name of each shape. Cover the names and see if you can remember them.

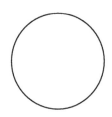 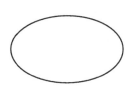 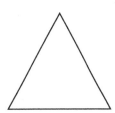 

Circle   Oval   Triangle   Square

 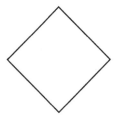 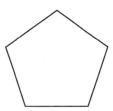 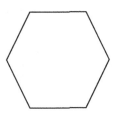

Rectangle   Diamond   Pentagon   Hexagon

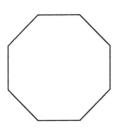   

Octagon   Star   Heart   Crescent

 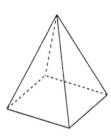 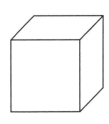 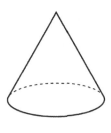

Sphere   Pyramid   Cube   Cone

Easy Peasy All-in-One Homeschool   EP Math 1 Printables

Lesson 64

Counting Shapes

Count each shape in the picture. Don't miss the shape inside each flower!

\# of Circles _____   \# of Rectangles _____

\# of Triangles _____   \# of Diamonds _____

Easy Peasy All-in-One Homeschool   EP Math 1 Printables

| Lesson 84 |

Date _____

My Graph Paper

Use this worksheet to practice graphing.

10				
9				
8				
7				
6				
5				
4				
3				
2				
1				

Easy Peasy All-in-One Homeschool   EP Math 1 Printables

Lesson 85

Date _____

Fruits Bar Graph

A. Count how many of each fruit there are.

_____ Pears

_____ Apples

_____ Bananas

_____ Peaches

_____ Strawberries

B. Color the bar graph to show how many of each fruit there are.

	Delicious Fruits				
6					
5					
4					
3					
2					
1					
	🍐	🍎	🍌	🍑	🍓

Easy Peasy All-in-One Homeschool

EP Math 1 Printables

Lesson 86

Date _____

Bugs Pie Chart

Count how many bugs there are in each group. Color one slice for each bug, using the colors listed below.

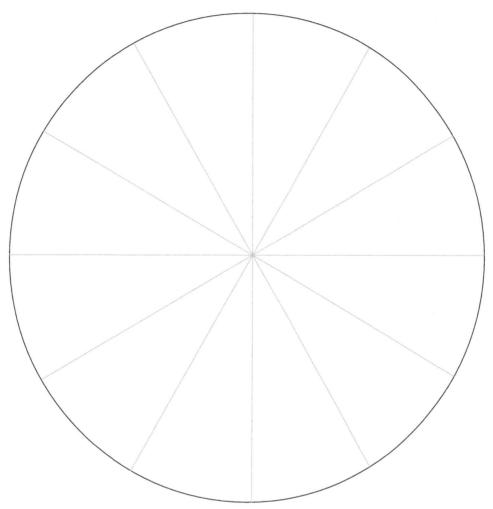

ANTS (GREEN)   BUTTERFLIES (RED)   BEES (YELLOW)

Easy Peasy All-in-One Homeschool   EP Math 1 Printables

Lesson 93

Date _____

Fractions & Subtraction

A. Circle the correct fraction of the shaded area.

 $\frac{1}{2}$ $\frac{1}{3}$ $\frac{1}{4}$ 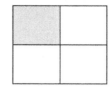 $\frac{1}{2}$ $\frac{1}{3}$ $\frac{1}{4}$

$\frac{2}{3}$ $\frac{2}{4}$ $\frac{2}{5}$ $\frac{2}{3}$ $\frac{2}{4}$ $\frac{2}{5}$

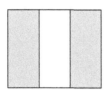 $\frac{3}{4}$ $\frac{3}{6}$ $\frac{3}{8}$ $\frac{3}{4}$ $\frac{3}{6}$ $\frac{3}{8}$

B. Solve the subtraction problems.

5 - 5 = ☐   4 - 3 = ☐

2 - 0 = ☐   2 - 1 = ☐

3 - 1 = ☐   3 - 3 = ☐

4 - 4 = ☐   5 - 4 = ☐

3 - 2 = ☐   4 - 0 = ☐

Easy Peasy All-in-One Homeschool   EP Math 1 Printables

Lesson 96+

Date _____

Fact Families

For Lessons 96 through 105, use these worksheets to fill in fact families.

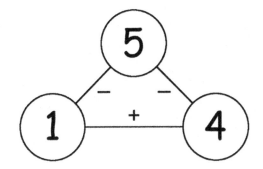

1 + 4 = 5
4 + 1 = 5
5 − 1 = 4
5 − 4 = 1

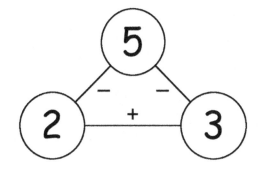

___ + ___ = ___
___ + ___ = ___
___ − ___ = ___
___ − ___ = ___

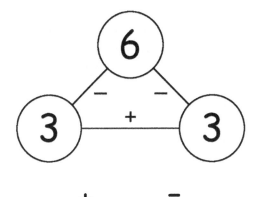

___ + ___ = ___
___ + ___ = ___
___ − ___ = ___
___ − ___ = ___

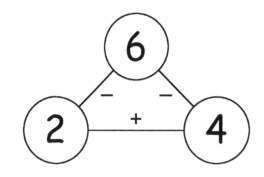

___ + ___ = ___
___ + ___ = ___
___ − ___ = ___
___ − ___ = ___

Easy Peasy All-in-One Homeschool   EP Math 1 Printables

Lesson 96+

Date _____

Fact Families

For Lessons 96 through 105, use these worksheets to fill in fact families.

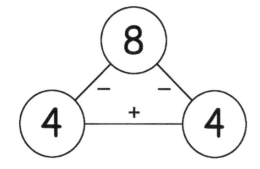

___ + ___ = ___

___ + ___ = ___

___ − ___ = ___

___ − ___ = ___

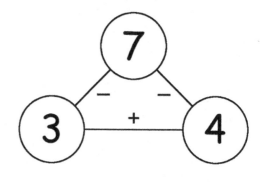

___ + ___ = ___

___ + ___ = ___

___ − ___ = ___

___ − ___ = ___

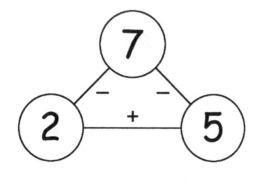

___ + ___ = ___

___ + ___ = ___

___ − ___ = ___

___ − ___ = ___

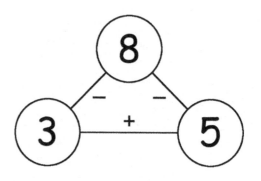

___ + ___ = ___

___ + ___ = ___

___ − ___ = ___

___ − ___ = ___

Easy Peasy All-in-One Homeschool   EP Math 1 Printables

Lesson 96+

Date _____

Fact Families

For Lessons 96 through 105, use these worksheets to fill in fact families.

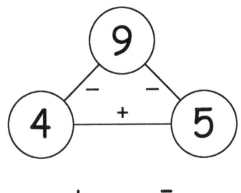

____ + ____ = ____

____ + ____ = ____

____ − ____ = ____

____ − ____ = ____

____ + ____ = ____

____ + ____ = ____

____ − ____ = ____

____ − ____ = ____

Easy Peasy All-in-One Homeschool   EP Math 1 Printables

Lesson 100

Subtraction

A. Solve the subtraction problems.

1. 6 - 3 = ____
2. 9 - 1 = ____
3. 5 - 3 = ____
4. 6 - 2 = ____
5. 10 - 5 = ____
6. 5 - 4 = ____

7. 8 - 4 = ____
8. 5 - 2 = ____
9. 6 - 4 = ____
10. 5 - 0 = ____
11. 4 - 2 = ____
12. 3 - 3 = ____

B. Follow the numbers in the order of your answers above to help the gecko find its friend.

	6	4	1	9	4	2	6	7
0	3	5	5	7	2	8	3	5	1
4	8	7	9	6	3	2	5	2	4
7	2	4	5	1	4	6	9	0	
3	9	3	5	0	8	3	2		

Easy Peasy All-in-One Homeschool   EP Math 1 Printables

Lesson 117

Telling Time

Cut out the hands below and practice telling time.

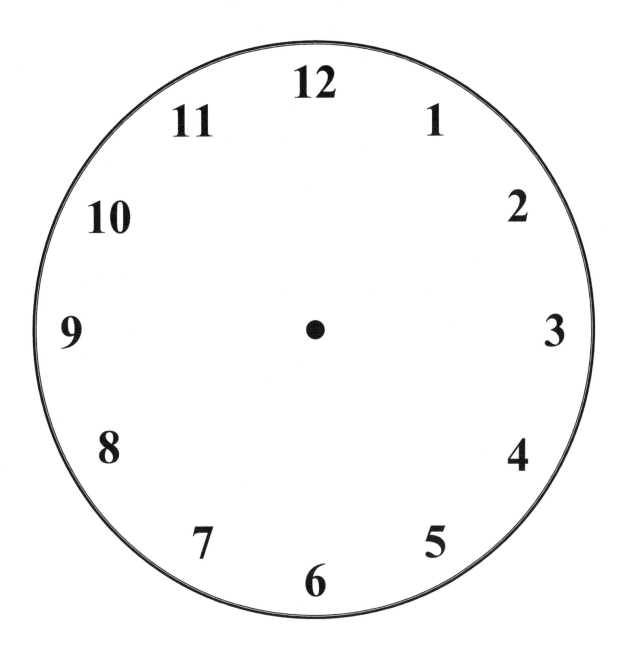

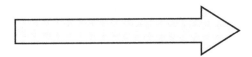 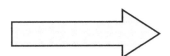

This page is left blank
for the cutting activity on the previous page.

Fact Families

For Lessons 131 through 134, use this worksheet to fill in fact families.

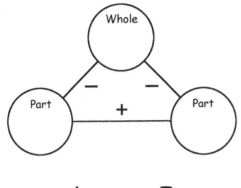

___ + ___ = ___

___ + ___ = ___

___ − ___ = ___

___ − ___ = ___

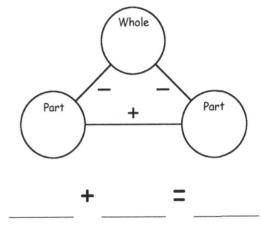

___ + ___ = ___

___ + ___ = ___

___ − ___ = ___

___ − ___ = ___

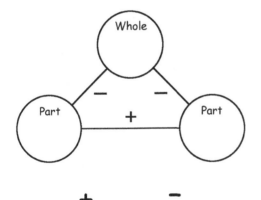

___ + ___ = ___

___ + ___ = ___

___ − ___ = ___

___ − ___ = ___

___ + ___ = ___

___ + ___ = ___

___ − ___ = ___

___ − ___ = ___

Easy Peasy All-in-One Homeschool EP Math 1 Printables

Lesson 133

Date _____

Addition up to 6 + 4

A. Practice addition up to 6 + 4 and 4 + 6. Add the fact family to your sheet.

6	6	4	2	3	6	4	6
+ 4	+ 3	+ 6	+ 6	+ 6	+ 2	+ 6	+ 4
☐	☐	☐	☐	☐	☐	☐	☐

B. Practice subtraction including 10 − 6 and 10 − 4.

10	9	9	10	8	10	7	8
− 6	− 6	− 3	− 6	− 2	− 4	− 4	− 6
☐	☐	☐	☐	☐	☐	☐	☐

C. Connect the problems to their correct answers.

Lesson 136+

Date _____

Fact Families

For Lessons 136 through 139, use this worksheet to fill in fact families.

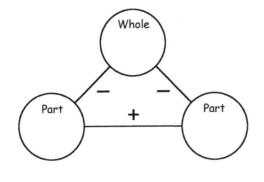

____ + ____ = ____

____ + ____ = ____

____ − ____ = ____

____ − ____ = ____

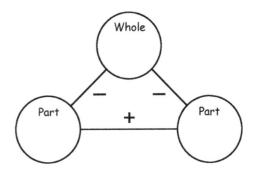

____ + ____ = ____

____ + ____ = ____

____ − ____ = ____

____ − ____ = ____

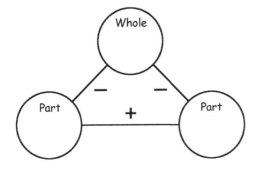

____ + ____ = ____

____ + ____ = ____

____ − ____ = ____

____ − ____ = ____

____ + ____ = ____

____ + ____ = ____

____ − ____ = ____

____ − ____ = ____

Easy Peasy All-in-One Homeschool   EP Math 1 Printables

Lesson 140

Date _____

Subtraction

A. Solve the subtraction problems.

11	9	10	11	11	10	9	12
−7	−7	−7	−6	−4	−3	−2	−6

8 − 6 = ____   10 − 6 = ____

10 − 4 = ____   8 − 2 = ____

9 − 3 = ____   9 − 6 = ____

B. Fill in the circles in the flowers with the answers. Start with 11 and subtract.

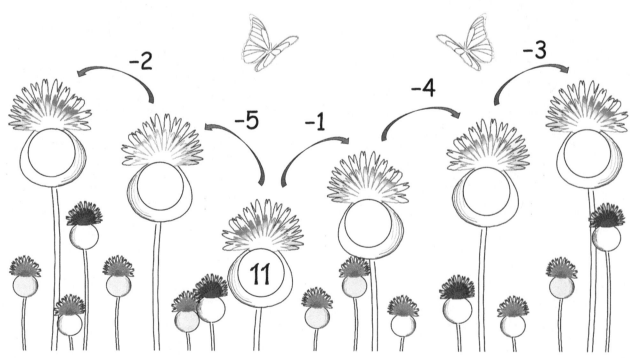

Lesson 141+

Date _____

Fact Families

For Lessons 141 through 144, use this worksheet to fill in fact families.

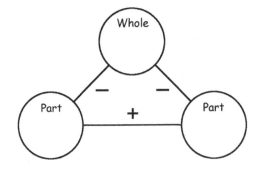

_____ + _____ = _____

_____ + _____ = _____

_____ − _____ = _____

_____ − _____ = _____

_____ + _____ = _____

_____ + _____ = _____

_____ − _____ = _____

_____ − _____ = _____

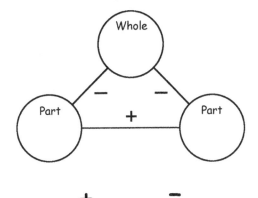

_____ + _____ = _____

_____ + _____ = _____

_____ − _____ = _____

_____ − _____ = _____

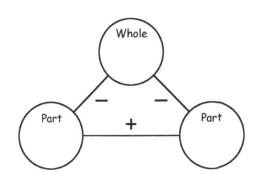

_____ + _____ = _____

_____ + _____ = _____

_____ − _____ = _____

_____ − _____ = _____

Easy Peasy All-in-One Homeschool

EP Math 1 Printables

Lesson 145

Date _____

Addition & Subtraction

A. Solve the addition and subtraction problems. Compare the answers with > (greater than), < (less than), or = (equal to).

5 + 5 = ☐ > 10 − 8 = ☐

12 − 7 = ☐   13 − 6 = ☐

2 + 5 = ☐   3 + 4 = ☐

14 − 7 = ☐   4 + 2 = ☐

8 − 4 = ☐   7 − 3 = ☐

B. Connect pairs with the same answers.

4 + 1 = ___ ○   ○ 13 − 7 = ___

3 + 5 = ___ ○   ○ 10 − 2 = ___

4 + 2 = ___ ○   ○ 11 − 6 = ___

2 + 2 = ___ ○   ○ 9 − 0 = ___

5 + 4 = ___ ○   ○ 6 − 2 = ___

Easy Peasy All-in-One Homeschool   EP Math 1 Printables

Fact Families

For Lessons 146 through 149, use this worksheet to fill in fact families.

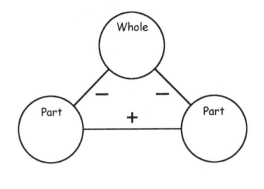
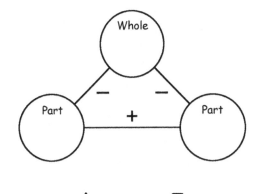

___ + ___ = ___

___ + ___ = ___

___ − ___ = ___

___ − ___ = ___

___ + ___ = ___

___ + ___ = ___

___ − ___ = ___

___ − ___ = ___

___ + ___ = ___

___ + ___ = ___

___ − ___ = ___

___ − ___ = ___

___ + ___ = ___

___ + ___ = ___

___ − ___ = ___

___ − ___ = ___

Subtraction

A. Solve the subtraction problems.

1. 14 - 8 =
2. 13 - 5 =
3. 12 - 4 =
4. 11 - 7 =
5. 11 - 3 =

6. 12 - 8 =
7. 10 - 3 =
8. 14 - 6 =
9. 12 - 5 =
10. 13 - 8 =

B. Follow the numbers in the order of your answers above.

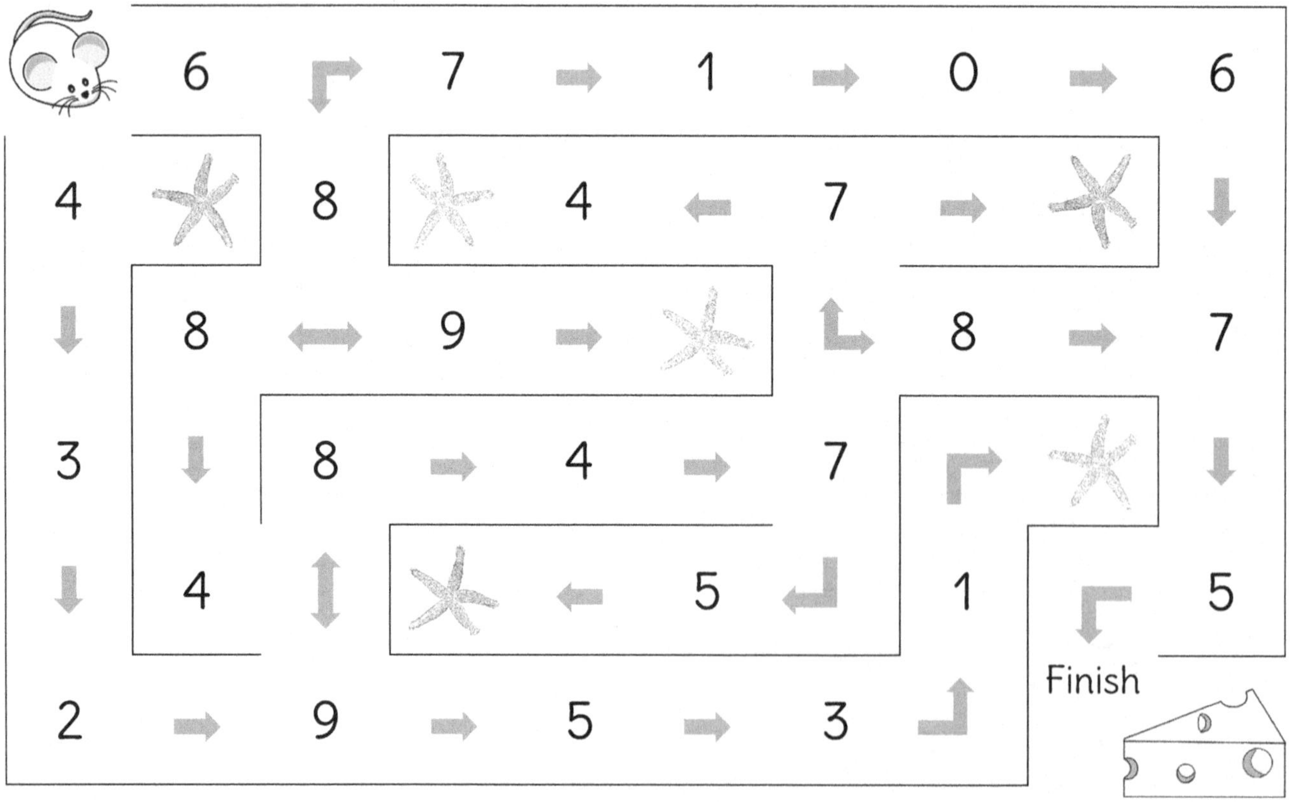

Lesson 151+

Date _____

Fact Families

For Lessons 151 through 154, use this worksheet to fill in fact families.

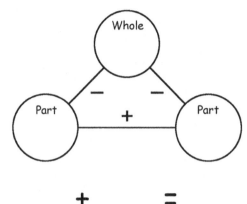

___ + ___ = ___

___ + ___ = ___

___ − ___ = ___

___ − ___ = ___

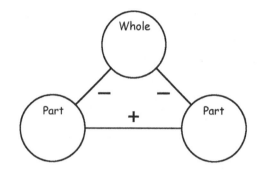

___ + ___ = ___

___ + ___ = ___

___ − ___ = ___

___ − ___ = ___

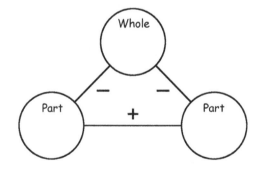

___ + ___ = ___

___ + ___ = ___

___ − ___ = ___

___ − ___ = ___

___ + ___ = ___

___ + ___ = ___

___ − ___ = ___

___ − ___ = ___

Easy Peasy All-in-One Homeschool   EP Math 1 Printables

Lesson 155

Addition & Subtraction

Draw lines to match the problems to their correct answers.

(13 – 7)   (11 – 2)   (16 – 8)   (12 – 7)   (15 – 8)

(14 – 7)   (12 – 6)   (13 – 5)   (10 – 5)   (12 – 3)

(3 + 5)   (4 + 3)   (3 + 8)   (9 + 1)   (5 + 4)

(7 + 4)   (4 + 4)   (5 + 5)   (5 + 2)   (2 + 7)

Easy Peasy All-in-One Homeschool   EP Math 1 Printables

Fact Families

For Lessons 156 through 159, use this worksheet to fill in fact families.

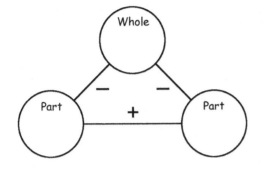

___ + ___ = ___

___ + ___ = ___

___ − ___ = ___

___ − ___ = ___

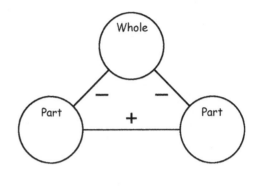

___ + ___ = ___

___ + ___ = ___

___ − ___ = ___

___ − ___ = ___

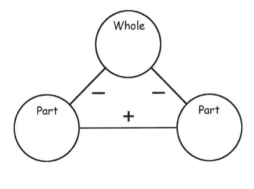

___ + ___ = ___

___ + ___ = ___

___ − ___ = ___

___ − ___ = ___

___ + ___ = ___

___ + ___ = ___

___ − ___ = ___

___ − ___ = ___

Lesson 161+

Date _____

Fact Families

For Lessons 161 through 162, use this worksheet to fill in fact families.

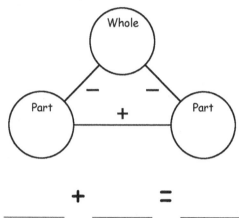

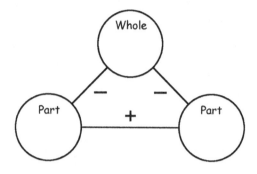

```
+        =              +        =
___ ___    ___        ___ ___    ___

+        =              +        =
___ ___    ___        ___ ___    ___

−        =              −        =
___ ___    ___        ___ ___    ___

−        =              −        =
___ ___    ___        ___ ___    ___
```

Easy Peasy All-in-One Homeschool   EP Math 1 Printables

Lesson 165

Addition & Comparison

Date _____

A. Connect the problems to their correct answers.

6 + 5	11	6 + 6
5 + 7	12	4 + 7
6 + 9	13	6 + 7
9 + 4	14	8 + 7
7 + 7	15	8 + 6

B. Compare the numbers with < (less than), > (greater than), or = (equal to).

60 ◯ 20	42 ◯ 50
110 ◯ 113	93 ◯ 39
65 ◯ 76	86 ◯ 72
33 ◯ 43	62 ◯ 63
87 ◯ 79	120 ◯ 152

Easy Peasy All-in-One Homeschool   EP Math 1 Printables

Answer Key

| Lesson 3 | Date _____ |

Odd Numbers

A. Odd numbers cannot be paired. Draw a line to connect pairs of dots. Is there a dot left over? Count the dots on each die. Is the number **Odd** or **Even**?

Odd **Even**   Odd Even   Odd Even   Odd **Even**

B. Color all the odd numbers with your favorite color.

1	2	3	4	5	6	7	8	9	10
11	12	13	14	15	16	17	18	19	20
21	22	23	24	25	26	27	28	29	30
31	32	33	34	35	36	37	38	39	40
41	42	43	44	45	46	47	48	49	50
51	52	53	54	55	56	57	58	59	60
61	62	63	64	65	66	67	68	69	70
71	72	73	74	75	76	77	78	79	80
81	82	83	84	85	86	87	88	89	90
91	92	93	94	95	96	97	98	99	100

| Lesson 6+ | Date _____ |

My 1-100 Chart

For Lessons 6 through 10, use this chart to practice counting from 1 to 100.

1	2	3	4	5	6	7	8	9	10
11	12	13	14	15	16	17	18	19	20
21	22	23	24	25	26	27	28	29	30
31	32	33	34	35	36	37	38	39	40
41	42	43	44	45	46	47	48	49	50
51	52	53	54	55	56	57	58	59	60
61	62	63	64	65	66	67	68	69	70
71	72	73	74	75	76	77	78	79	80
81	82	83	84	85	86	87	88	89	90
91	92	93	94	95	96	97	98	99	100

- For Lesson 6, write in the numbers 1 – 20. Read the odd numbers out loud.
- For Lesson 7, write in the numbers 21 – 40. Read the even numbers out loud.
- For Lesson 8, write in the numbers 41 – 60. Read the numbers out loud.
- For Lesson 9, write in the numbers 61 – 80. Read the numbers out loud.
- For Lesson 10, write in the numbers 81 – 100. Count backward out loud from 100 to 1. Read the numbers or try without looking.

| Lesson 6 | Date _____ |

1-2-1-2-1-2 Patterns

Draw the shape that comes next.

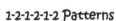

| Lesson 8 | Date _____ |

1-1-2-1-1-2 Patterns

Draw the shape that comes next.

Lesson 20   Date _____

Adding on Number Lines

Below is a number line. It can help you add. Put your finger on 2. Jump three numbers to the right. That adds three. What number are you on now? Right! It's 5. 2 and 3 more is 5. **2 + 3 = 5.**

2 + 3 = 5

Use the number line to add. Write the answer in the box.

3 + 4 = 7
2 + 7 = 9
0 + 8 = 8
1 + 9 = 10
3 + 7 = 10
4 + 4 = 8
2 + 6 = 8
1 + 8 = 9

Lesson 43   Date _____

Comparing Numbers

A. Compare the numbers with **<** (less than), **>** (greater than), or **=** (equal to).

3 < 6	12 = 12	45 > 43
2 < 4	38 < 40	32 > 26
19 < 27	19 > 16	20 = 20
34 < 53	23 > 18	35 = 35
10 > 8	14 = 14	29 > 19
43 = 43	27 > 25	20 > 10
26 > 22	10 < 11	30 < 50

B. Write the numbers in order from smallest to biggest.

18, 3, 7, 12 ➡ 3, 7, 12, 18

6, 19, 2, 10 ➡ 2, 6, 10, 19

Lesson 64   Date _____

Counting Shapes

Count each shape in the picture. Don't miss the shape inside each flower!

# of Circles   9   # of Rectangles   10

# of Triangles   12   # of Diamonds   4

Lesson 85   Date _____

Fruits Bar Graph

A. Count how many of each fruit there are.

2 Pears
4 Apples
3 Bananas
2 Peaches
6 Strawberries

B. Color the bar graph to show how many of each fruit there are.

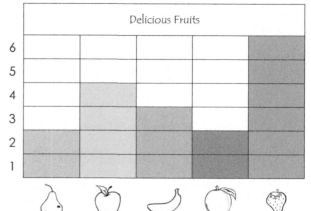

Lesson 86	Date _____

Bugs Pie Chart

Count how many bugs there are in each group. Color one slice for each bug, using the colors listed below.

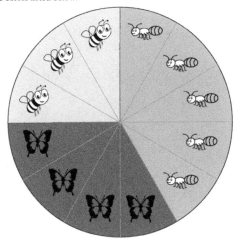

ANTS (GREEN)	BUTTERFLIES (RED)	BEES (YELLOW)

Lesson 93	Date _____

Fractions & Subtraction

A. Circle the correct fraction of the shaded area.

 (1/2) 1/3 1/4   1/2 1/3 (1/4)

 (2/3) 2/4 2/5   2/3 (2/4) 2/5

 3/4 (3/6) 3/8   3/4 3/6 (3/8)

B. Solve the subtraction problems.

5 − 5 = 0   4 − 3 = 1
2 − 0 = 2   2 − 1 = 1
3 − 1 = 2   3 − 3 = 0
4 − 4 = 0   5 − 4 = 1
3 − 2 = 1   4 − 0 = 4

Lesson 96+	Date _____

Fact Families

For Lessons 96 through 105, use these worksheets to fill in fact families.

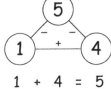

1 + 4 = 5
4 + 1 = 5
5 − 1 = 4
5 − 4 = 1

(5, 2, 3)

2 + 3 = 5
3 + 2 = 5
5 − 2 = 3
5 − 3 = 2

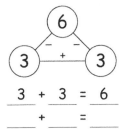

3 + 3 = 6
___ + ___ = ___
6 − 3 = 3
___ − ___ = ___

(6, 2, 4)

2 + 4 = 6
4 + 2 = 6
6 − 2 = 4
6 − 4 = 2

Lesson 96+	Date _____

Fact Families

For Lessons 96 through 105, use these worksheets to fill in fact families.

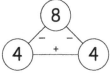

4 + 4 = 8
___ + ___ = ___
8 − 4 = 4
___ − ___ = ___

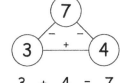

3 + 4 = 7
4 + 3 = 7
7 − 3 = 4
7 − 4 = 3

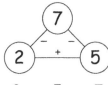

2 + 5 = 7
5 + 2 = 7
7 − 2 = 5
7 − 5 = 2

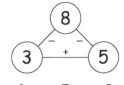

3 + 5 = 8
5 + 3 = 8
8 − 3 = 5
8 − 5 = 3

Lesson 96+   Date _____

Fact Families

For Lessons 96 through 105, use these worksheets to fill in fact families.

```
      9                          10
    /   \                      /    \
   4  +  5                    5  +   5
```

4 + 5 = 9	5 + 5 = 10
5 + 4 = 9	___ + ___ = ___
9 − 4 = 5	10 − 5 = 5
9 − 5 = 4	___ − ___ = ___

Lesson 100   Date _____

Subtraction

A. Solve the subtraction problems.

1. 6 − 3 = 3   7. 8 − 4 = 4
2. 9 − 1 = 8   8. 5 − 2 = 3
3. 5 − 3 = 2   9. 6 − 4 = 2
4. 6 − 2 = 4   10. 5 − 0 = 5
5. 10 − 5 = 5   11. 4 − 2 = 2
6. 5 − 4 = 1   12. 3 − 3 = 0

B. Follow the numbers in the order of your answers above to help the gecko find its friend.

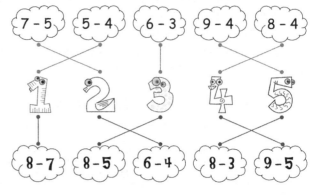

Lesson 131+   Date _____

Fact Families

For Lessons 131 through 134, use this worksheet to fill in fact families.

```
      8                    9
    /   \                /   \
   6  +  2              6  +  3
```

6 + 2 = 8	6 + 3 = 9
2 + 6 = 8	3 + 6 = 9
8 − 6 = 2	9 − 6 = 3
8 − 2 = 6	9 − 3 = 6

```
     10                   11
    /   \                /   \
   6  +  4              6  +  5
```

6 + 4 = 10	6 + 5 = 11
4 + 6 = 10	5 + 6 = 11
10 − 6 = 4	11 − 6 = 5
10 − 4 = 6	11 − 5 = 6

Lesson 133   Date _____

Addition up to 6 + 4

A. Practice addition up to 6 + 4 and 4 + 6. Add the fact family to your sheet.

6	6	4	2	3	6	4	6
+4	+3	+6	+6	+6	+2	+6	+4
10	9	10	8	9	8	10	10

B. Practice subtraction including 10 − 6 and 10 − 4.

10	9	9	10	8	10	7	8
−6	−6	−3	−6	−2	−4	−4	−6
4	3	6	4	6	6	3	2

C. Connect the problems to their correct answers.

7 − 5   5 − 4   6 − 3   9 − 4   8 − 4

1   2   3   4   5

8 − 7   8 − 5   6 − 4   8 − 3   9 − 5

| Lesson 136+ | Date _____ |

Fact Families

For Lessons 136 through 139, use this worksheet to fill in fact families.

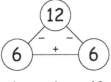

6 + 6 = 12
___ + ___ = ___
12 − 6 = 6
___ − ___ = ___

7 + 2 = 9
2 + 7 = 9
9 − 7 = 2
9 − 2 = 7

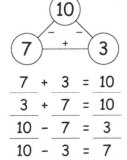

7 + 3 = 10
3 + 7 = 10
10 − 7 = 3
10 − 3 = 7

7 + 4 = 11
4 + 7 = 11
11 − 7 = 4
11 − 4 = 7

| Lesson 140 | Date _____ |

Subtraction

A. Solve the subtraction problems.

11	9	10	11	11	10	9	12
−7	−7	−7	−6	−4	−3	−2	−6
4	2	3	5	7	7	7	6

8 − 6 = 2   10 − 6 = 4
10 − 4 = 6   8 − 2 = 6
9 − 3 = 6   9 − 6 = 3

B. Fill in the circles in the flowers with the answers. Start with 11 and subtract.

| Lesson 141+ | Date _____ |

Fact Families

For Lessons 141 through 144, use this worksheet to fill in fact families.

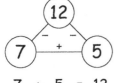

7 + 5 = 12
5 + 7 = 12
12 − 7 = 5
12 − 5 = 7

7 + 6 = 13
6 + 7 = 13
13 − 7 = 6
13 − 6 = 7

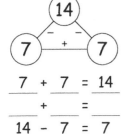 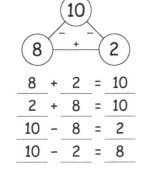

7 + 7 = 14
___ + ___ = ___
14 − 7 = 7
___ − ___ = ___

8 + 2 = 10
2 + 8 = 10
10 − 8 = 2
10 − 2 = 8

| Lesson 145 | Date _____ |

Addition & Subtraction

A. Solve the addition and subtraction problems. Compare the answers with > (greater than), < (less than), or = (equal to).

5 + 5 = 10   >   10 − 8 = 2
12 − 7 = 5   <   13 − 6 = 7
2 + 5 = 7   =   3 + 4 = 7
14 − 7 = 7   >   4 + 2 = 6
8 − 4 = 4   =   7 − 3 = 4

B. Connect pairs with the same answers.

4 + 1 = 5   13 − 7 = 6
3 + 5 = 8   10 − 2 = 8
4 + 2 = 6   11 − 6 = 5
2 + 2 = 4   9 − 0 = 9
5 + 4 = 9   6 − 2 = 4

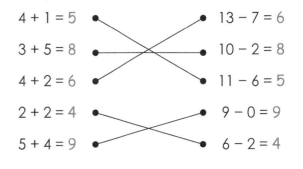

Lesson 146+ — Fact Families

For Lessons 146 through 149, use this worksheet to fill in fact families.

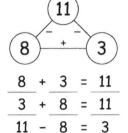

8 + 3 = 11
3 + 8 = 11
11 - 8 = 3
11 - 3 = 8

8 + 4 = 12
4 + 8 = 12
12 - 8 = 4
12 - 4 = 8

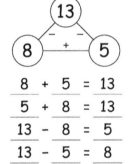

8 + 5 = 13
5 + 8 = 13
13 - 8 = 5
13 - 5 = 8

8 + 6 = 14
6 + 8 = 14
14 - 8 = 6
14 - 6 = 8

Lesson 150 — Subtraction

A. Solve the subtraction problems.

1. 14 − 8 = 6
2. 13 − 5 = 8
3. 12 − 4 = 8
4. 11 − 7 = 4
5. 11 − 3 = 8
6. 12 − 8 = 4
7. 10 − 3 = 7
8. 14 − 6 = 8
9. 12 − 5 = 7
10. 13 − 8 = 5

B. Follow the numbers in the order of your answers above.

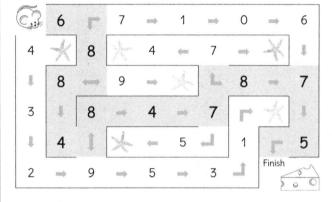

Lesson 151+ — Fact Families

For Lessons 151 through 154, use this worksheet to fill in fact families.

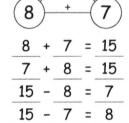

8 + 7 = 15
7 + 8 = 15
15 - 8 = 7
15 - 7 = 8

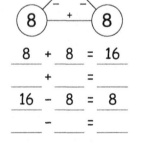

8 + 8 = 16
    +   =
16 - 8 = 8
    -    =

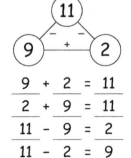

9 + 2 = 11
2 + 9 = 11
11 - 9 = 2
11 - 2 = 9

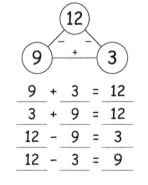

9 + 3 = 12
3 + 9 = 12
12 - 9 = 3
12 - 3 = 9

Lesson 155 — Addition & Subtraction

Draw lines to match the problems to their correct answers.

Lesson 156+

Fact Families

For Lessons 156 through 159, use this worksheet to fill in fact families.

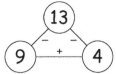

9 + 4 = 13
4 + 9 = 13
13 − 9 = 4
13 − 4 = 9

9 + 5 = 14
5 + 9 = 14
14 − 9 = 5
14 − 5 = 9

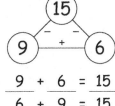

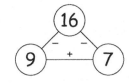

9 + 6 = 15
6 + 9 = 15
15 − 9 = 6
15 − 6 = 9

9 + 7 = 16
7 + 9 = 16
16 − 9 = 7
16 − 7 = 9

Lesson 161+

Fact Families

For Lessons 161 through 162, use this worksheet to fill in fact families.

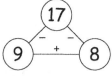
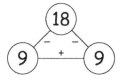

9 + 8 = 17
8 + 9 = 17
17 − 9 = 8
17 − 8 = 9

9 + 9 = 18
___ + ___ = ___
18 − 9 = 9
___ − ___ = ___

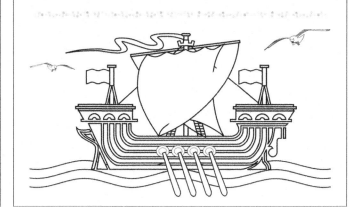

Lesson 165

Addition & Comparison

A. Connect the problems to their correct answers.

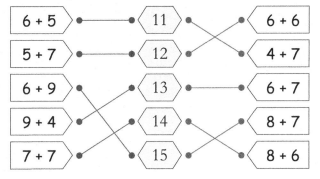

B. Compare the numbers with **<** (less than), **>** (greater than), or **=** (equal to).

60 > 20	42 < 50
110 < 113	93 > 39
65 < 76	86 > 72
33 < 43	62 < 63
87 > 79	120 < 152

Made in the USA
Columbia, SC
05 April 2023

14819565R00026